这本书中出场的动物 1

- ● 体长：从鼻尖儿到尾巴根部的长度
- ● 全长：从鼻尖儿到尾巴尖儿的长度
- ● 身高：从脚底到头顶的高度
- ● 尾长：尾巴的长度
- ● 肩高：从脚底到肩的高度
- ● 分布：生活的地域

※ 不同类别的动物，用来表示身体大小的方式也有所不同。
※ 这里标示的数值，以成年雄性动物为参考标准。

小熊猫【食肉目 小熊猫科】

体长 51~63.5 厘米	尾长 28~48.5 厘米
体重 3.7~6.2 千克	分布 中亚

□尾獴【食肉目 獴科】

□□ 25~31 厘米	尾长 17.5~25 厘米
□□ 620~970 克	分布 非洲南部

长颈鹿【偶蹄目 长颈鹿科】

肩高 250~370 厘米	身高 500~580 厘米
体重 550~1900 千克	分布 非洲

单峰驼【偶蹄目 骆驼科】

体长 300 厘米	肩高 180~210 厘米
体重 600~1000 千克	
分布 非洲北部、亚洲西南部	

平原斑马【奇蹄目 马科】

体长 240 厘米	肩高 125~135 厘米
体重 300 千克	分布 非洲

白犀【奇蹄目 犀科】

体长 335~420 厘米	肩高 150~185 厘米
体重 1400~3600 千克	分布 非洲中部、南部

珍奇馆 游览说明

如果书里放不下动物的整个身体，白色方框圈起来的部分就是照片所展示的身体部位。

照片上动物的基本信息。

● 姓名：指动物园给动物起的名字。
● 出生日：根据已知信息进行的介绍。
● 住所：动物所在的动物园。

（书中记录的信息截止到 2007 年 12 月，有些动物可能已经搬家。）

种名：物种的名称。

通过照片可以观察到的身体特征。

介绍这种动物的部分特征和习性。可以作为去动物园实地观察的参考。

斑马

嘴唇上有乱蓬蓬的胡须。
斑马依靠这些胡须寻找食物。

照片上的动物都是原大。

震撼之书
动物原来这么大

珍奇馆

监修 ●〔日〕小宫辉之（日本东京上野动物园第15任园长） 摄影 ●〔日〕福田丰文
绘 ●〔日〕柏原晃夫 文 ●〔日〕高冈昌江 译 ● 唐亚明

海豚出版社
DOLPHIN BOOKS
中国国际传播集团

目录

大熊猫

大熊猫下垂的黑眼圈里，
那个小小的、
亮闪闪的地方，
才是它的眼睛。

姓名 兴兴
性别 雄性
出生日 1995 年 9 月 14 日
住所 日本神户市立王子动物园

大熊猫：食肉目 熊科

仔细找找看

圆圆的耳朵。

圆圆的脸庞。

眼睛上方有几根长毛。

两眼之间的毛有旋儿。你注意到了吗？

毛又细又软，看着就暖和。冬天还行，夏天一定很热吧！

大熊猫 是这样的！

1 爱吃。 吃竹子时，一定会用前爪抓着吃。

2 爱喝。

3 爱玩。

4 还拉好多的便便。 一天要拉100多个这样的粪团！

斑马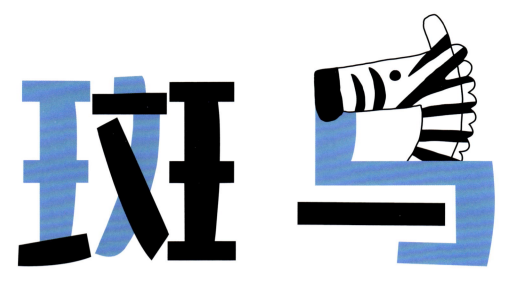

嘴唇上长着乱蓬蓬的胡须，
它依靠这些胡须寻找食物。

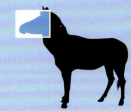

姓名 **卡罗尔**
性别 雌性
出生日 1997 年 11 月 15 日
住所 日本群马野生动物园

平原斑马：奇蹄目 马科

仔细找找看

耳朵里面
长满了毛！

眼睛下面有
几根稀稀落落的
长毛。

对比鲜明的条纹
是由短短的
白毛和黑毛
相间着构成的。

鼻子和嘴周围
黑黑的，
没有条纹。

斑马

是这样的！

根据条纹花样的不同，
斑马大体可分为 3 种：

● 平原斑马

条纹一直
延伸到肚皮。

● 细纹斑马

条纹很细。

● 山斑马

臀部的条纹
像梯子。

即使种类相同，每匹斑马的条纹
也有所区别。你能看出下面哪匹
斑马是上图中的平原斑马吗？

老虎

它打哈欠的那一瞬间，
我看到了它那满是倒刺的大舌头！
简直就像个蔬菜刨丝器呀！

姓名　百特
性别　雄性
出生日　2002年5月9日
住所　日本群马野生动物园
老虎：食肉目 猫科

仔细找找看

有4颗大大的犬牙！
和别的牙齿形状
完全不同。

嘴唇是
黑色的！

嘴巴周围有
粗粗的胡须。

脸庞周围有
短短的鬣毛。

老虎 是这样的！

1　当它摆出把屁股转过来的这种姿势时，你就要小心了。

2　它会突然哗哗撒尿，像喷射！

3　它这是在用气味表示"这里是我的地盘"。

尿液的气味随风传向远方。

4　平时蹲着撒尿。

9

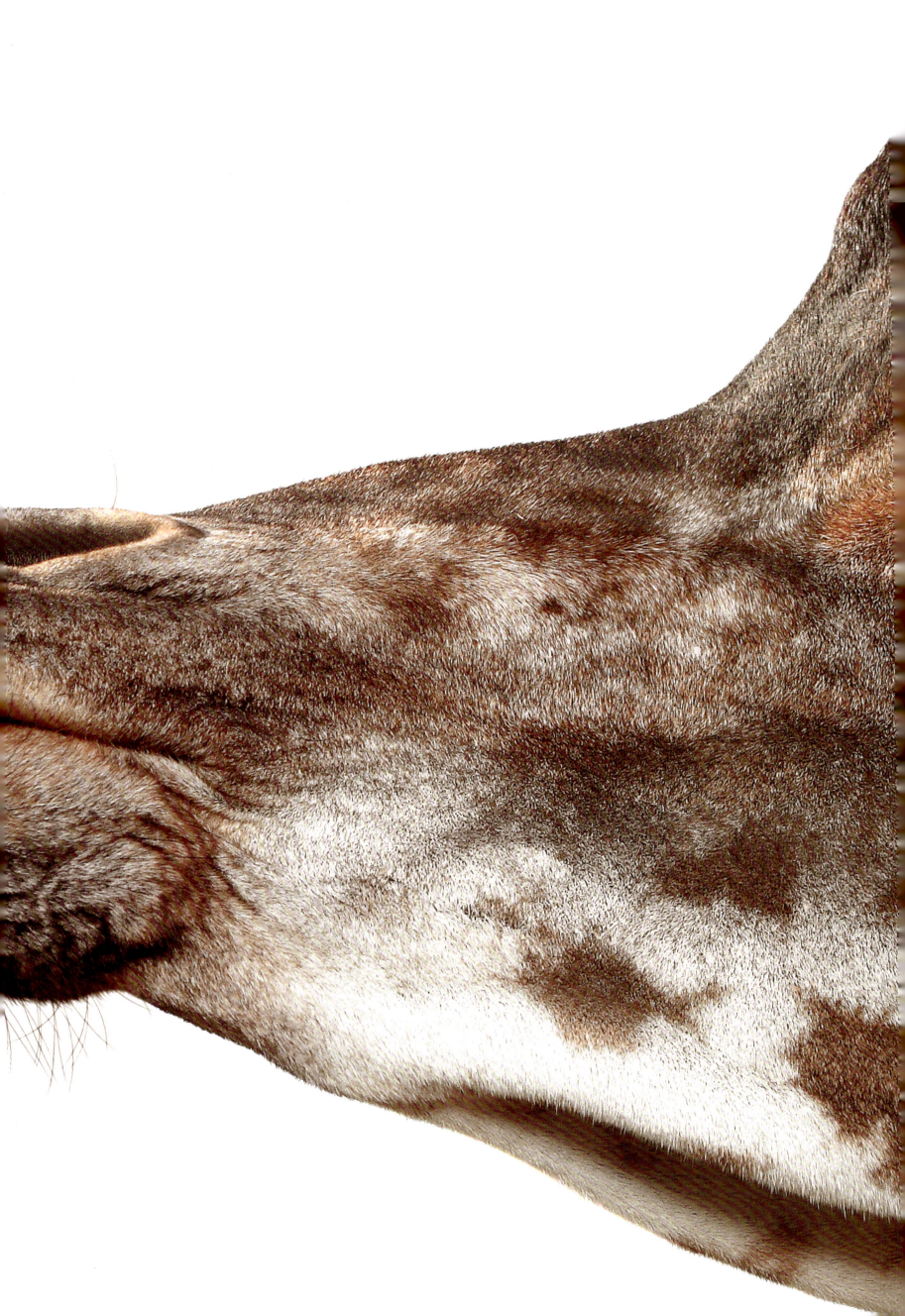

长颈鹿

长颈鹿的舌头特别长。
你看，长长的舌头从嘴里伸出来啦！
吸溜吸溜……

水豚

鼻子和嘴之间又阔又长！
你别看它长这样，
它和老鼠是亲戚。

10

这是长得和老鼠很像的仓鼠。来比较一下它和水豚吧。

姓名 **乌弥**
性别 雄性
出生日 1997 年 10 月 14 日
住所 日本埼玉县儿童动物自然公园
水豚：啮(niè)齿目 豚鼠科

仔细找找看

小小的耳朵。

身上的毛又直又长，硬邦邦的。

鼻子和眼睛周围有深色的长毛。

雄性水豚的鼻子上方有块黑秃秃的地方，成年雄性的这个部位最显眼！

水豚 是这样的！

1 在水里大便！

2 趾缝间有划水的蹼！
前脚　后脚
你看—　这里！

3 擅长游泳！野生水豚就住在岸边。

4 看起来像河马，其实更像一只巨大的老鼠。

11

姓名 **露露**
性别 雌性
出生日 2001 年 2 月 14 日
住所 日本琦玉县儿童动物
自然公园
长颈鹿：偶蹄目 长颈鹿科

仔细找找看

它有眉毛！
就在眼睛上方，
有一小团黑色的毛。

角上
也长着毛。

有眼睫毛。

上嘴唇被毛包裹着，
软软的，
像地毯似的。

长颈鹿

是这样的！

1 走路时，身体一侧的前腿和后腿同时往一个方向移动，这种走路的方式被称为"侧对步"。

2 奔跑时，四条腿自然地甩动，快跑起来。

3 脖子跟着前后晃动，看起来轻松自如。

4 好像看慢动作电影似的，感觉很奇妙。

大猩猩

头顶好像耸立的山峰，又高又尖。

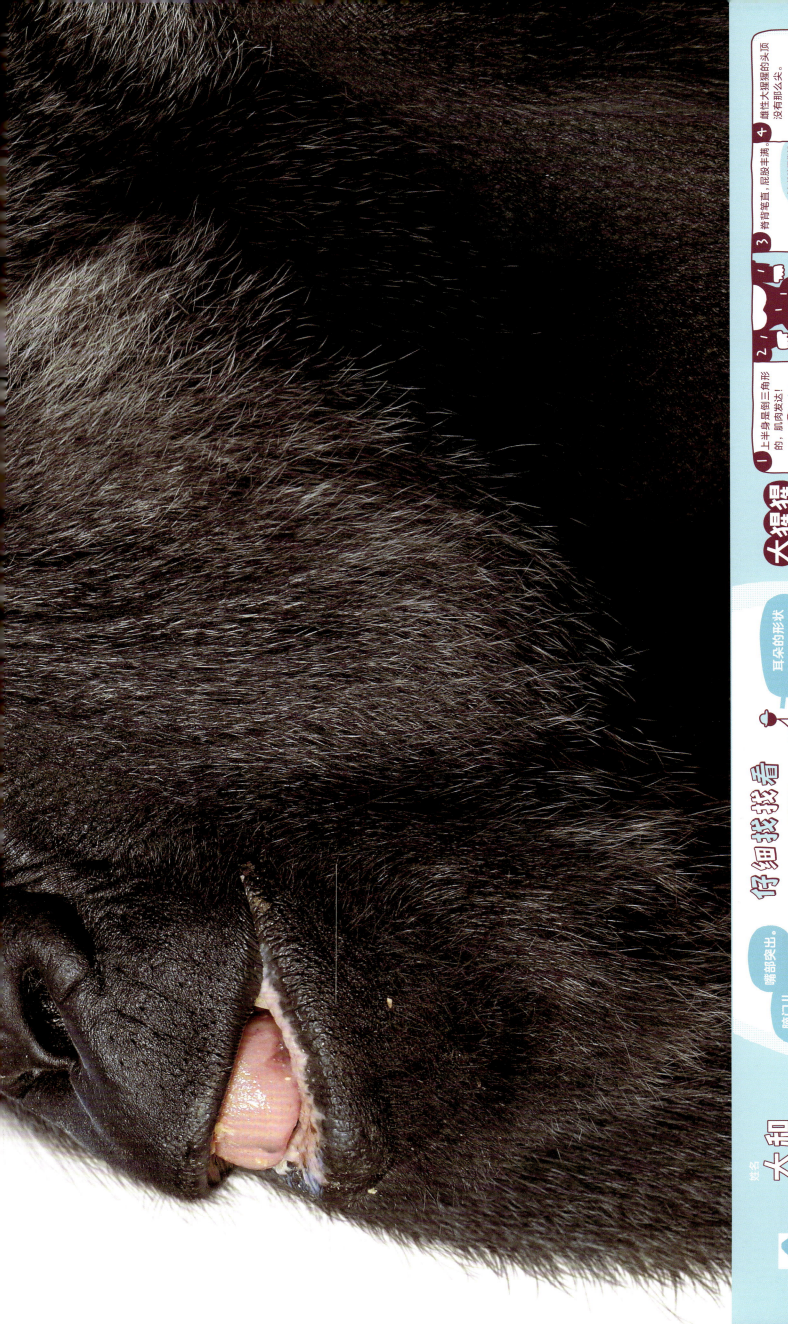

姓名 **大和**
性别 雄性
出生时间 1977年前后
住所 日本神户市立王子动物园
大猩猩：灵长目 人科

大猩猩
是这样的！

仔细找找看

脸上严重凹凸不平！

鼻子又扁又塌

耳朵的形状和人类的很像！

脸颊和下巴的毛很长，但脸上其他部位却没什么毛。

眼窝很深。

脑门儿前伸。

嘴部突出。

1 上半身是倒三角形的，肌肉发达。

2 不过，腿却很短。

3 背青毛瓘。屁股丰满。成年雄性瓘背部的毛会变成银灰色，被称为"银背大猩猩"。

4 雄性大猩猩的头顶没有那么尖。个头比雌性小多了。

树袋熊

看，脸的正中间
是黑黑的大鼻子！
就像一个可拆卸的气味感应器。

仔细找找看

又大又圆的耳朵，
长着好多毛！

鼻子上
也长着毛。

眼睛里的瞳孔，
是竖缝形的！

趾尖有
黑色的爪。

用自己的右手和树袋熊的
前脚比一比吧，
在大手大拇指的位置，
树袋熊却长着两根脚趾，
这样它们就能牢牢地抓住
细小的树枝了。

姓名　早苗
性别　雌性
出生日　1999 年 5 月 25 日
出生地　日本神户市立王子动物园
树袋熊：袋鼠目 树袋熊科

树袋熊
是怎样的呢

1　

2　

3　树袋熊的育儿袋在
哪儿呢？

4　哇！它们的育儿袋开
口原来是朝下的呀。

树袋熊是澳大利亚特
有的动物，与袋鼠同
属"有袋类"。

雌性有袋类动物的肚子
上有育儿袋。

树懒是这样的！

1 生活在树上。不论刮风下雨，整天在树上。

2 用长爪钩住树枝，在树上移动。

3 每个星期会从树上下来一次。你知道这是为什么吗？

4 因为要下来大小便哪！
大便里有好多小颗粒，像不像黄豆？

仔细找找看

脸和肚皮是白色的。

鼻子又大又滑溜。

前脚有两根大长爪！

仔细看它的右前脚，脚底没有毛。
还有，你注意到了吗？它并不是抓着树枝，而是用长爪钩住树枝，倒吊着身体。

倒吊在树枝上，
远远看去，那一堆毛就像个鸟窝。
移动时又轻又慢，
有时，会突然抬起圆圆的脸！

姓名：乔
性别：雄性
出生时期：1980年前后
住所：日本东京上野动物园
霍氏树懒：披毛目 二趾树懒科

细嘴狐猴

澳洲水鼠

东张西望，时刻警惕着什么。
踮起后脚站立着，努力地往远看。

细尾獴

龙之介

姓名　龙之介
性别　雄性
出生日　不详
住所　日本东京上野动物园
细尾獴：食肉目 獴科

仔细找找看

- 眼睛长在脸的正面。
- 尾巴又粗又长！
- 鼻子尖尖的。
- 前脚的爪又长又尖。

细尾獴
是这样的！
踮起脚站得直直的。

草原犬鼠

草原犬鼠
是这样的！
当危险靠近时，它会像狗那样狂叫。
汪 汪 汪

仔细找找看

- 眼睛长在脸的两侧。
- 前脚的爪又长又尖。
- 尾巴扁平，尾巴尖儿是黑色的。
- 头和脸看起来光光溜溜的。

姓名名字　没有名字
性别　不详
出生日　不详
住所　日本东京上野动物园
黑尾草原大鼠：啮齿目 松鼠科

23

土豚

这是长着长条脸、长耳朵的猪吗？
不是不是，它是土豚。
它的鼻头看起来很像猪，
真有意思！

姓名　**米太郎**
性别　雄性
出生日　不详
住所　日本东京上野动物园
土豚：管齿目 土豚科

仔细找找看

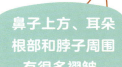

鼻子上全是毛！

身上的毛很短。

鼻子上方、耳朵根部和脖子周围有很多褶皱。

米太郎左耳朵缺了一块，它来动物园时就这样，不知道是什么时候受的伤。

土豚

是这样的！

1　白天躺在地上睡大觉。
呼噜
呼噜

2　天黑了才醒。
精神饱满！

3　然后，一整夜都在沙沙地刨坑。

4　爪

前脚的爪很粗，像耕地的犁。真不愧是刨坑健将啊！

25

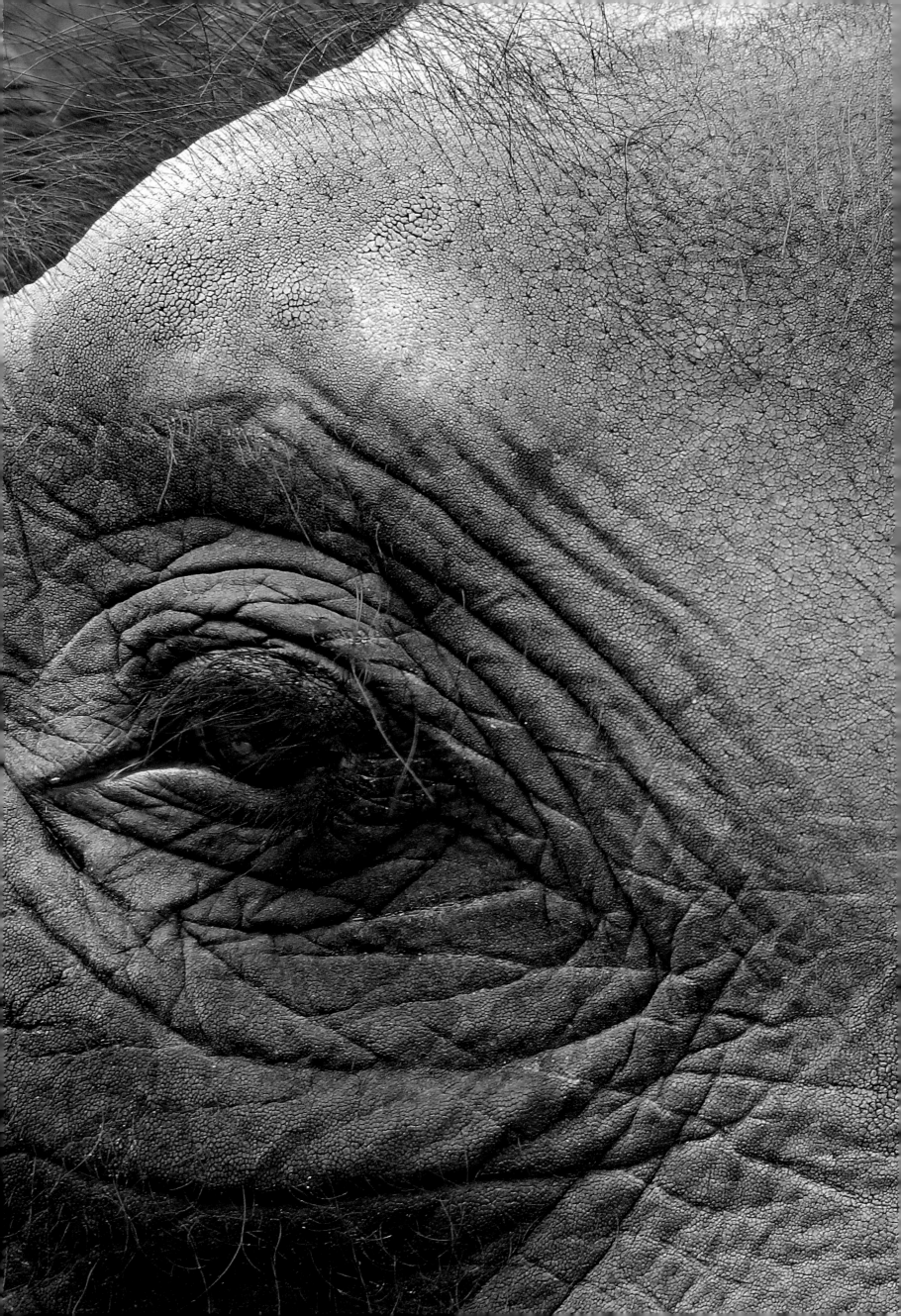

大象

这是大象左侧的脸。
从它的眼睛往右一直看过去，
有一片乱蓬蓬的毛，
耳朵眼儿就在那里。

刺猬

浑身是刺的刺猬。
全身都是硬壳的犰狳。
qiú yú

当它们察觉到危险时……

犰狳

骨碌！

一下就把身体的要害部位都藏起来了，
然后一动也不动。

姓名　没有名字
性别　雄性
出生日　不详
住所　日本东京上野动物园
四趾刺猬：劳亚食虫目 猬科

仔细找找看

缩成一团时藏起来的
脸、肚皮和脚，
上面都没有刺。

耳朵很大。

这里是鼻子！
看出来了吗？

头　　屁股

刺猬 是这样的！

刺猬可不是老鼠，
它和鼹鼠是同类。

原来如此！

姓名　**玛吉隆**
性别　雄性
出生日　不详
住所　日本东京上野动物园
三带犰狳：有甲目 倭犰狳科

仔细找找看

肚皮上
长着长毛。

头和尾巴像盖子，
闭合得严严实实的。

头 　　尾巴

犰狳 是这样的！

并不是所有犰狳都能缩成一团。
只有三带犰狳能做到。

真不错啊！

三带犰狳　　　六带犰狳

九带犰狳

倭犰狳

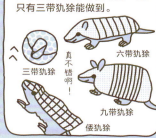

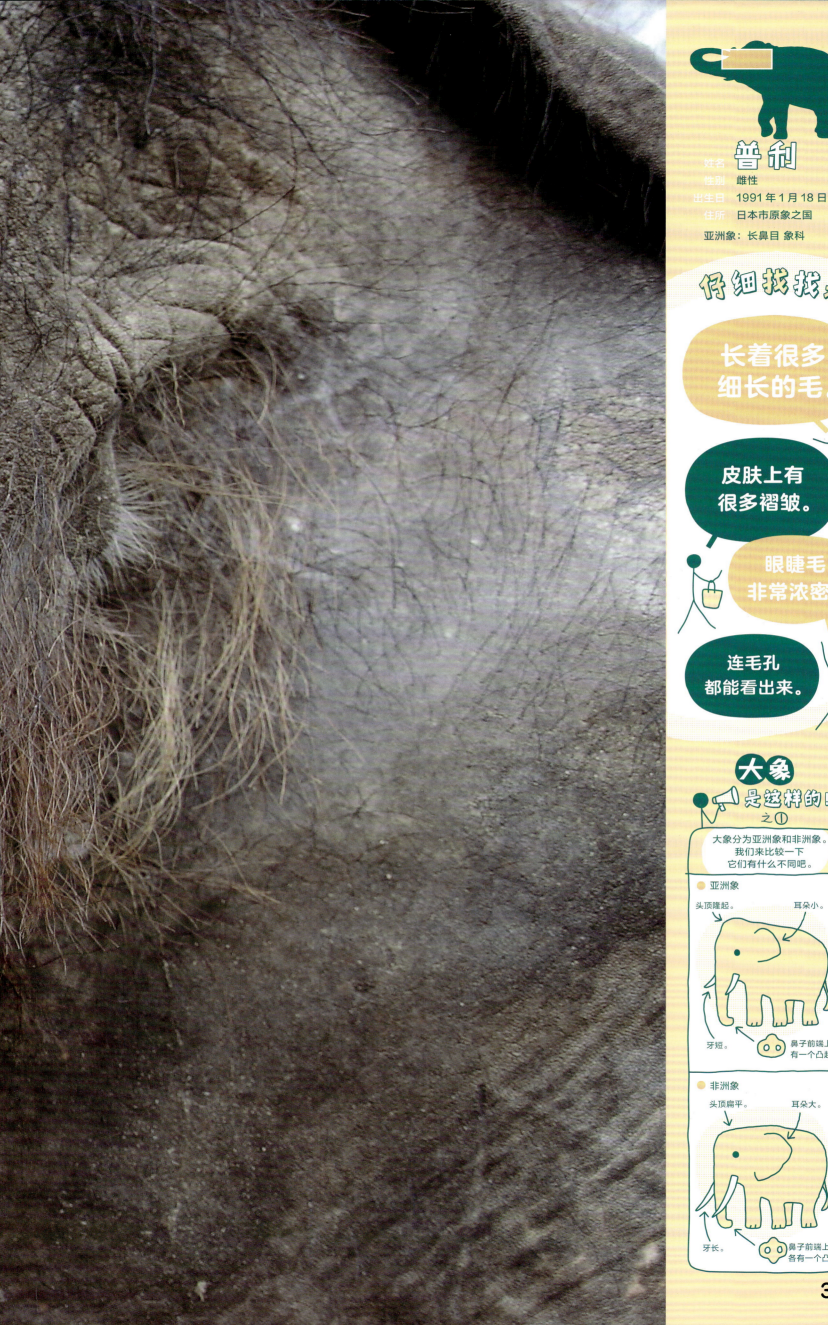

普利

姓名
性别　雌性
出生日　1991 年 1 月 18 日
住所　日本市原象之国

亚洲象：长鼻目 象科

仔细找找看

长着很多
细长的毛。

皮肤上有
很多褶皱。

眼睫毛
非常浓密！

连毛孔
都能看出来。

大象
是这样的！
之①

大象分为亚洲象和非洲象。
我们来比较一下
它们有什么不同吧。

● 亚洲象

头顶隆起。　　　耳朵小。

牙短。　　　鼻子前端上方
有一个凸起。

● 非洲象

头顶扁平。　　　耳朵大。

牙长。　　　鼻子前端上下
各有一个凸起。

31

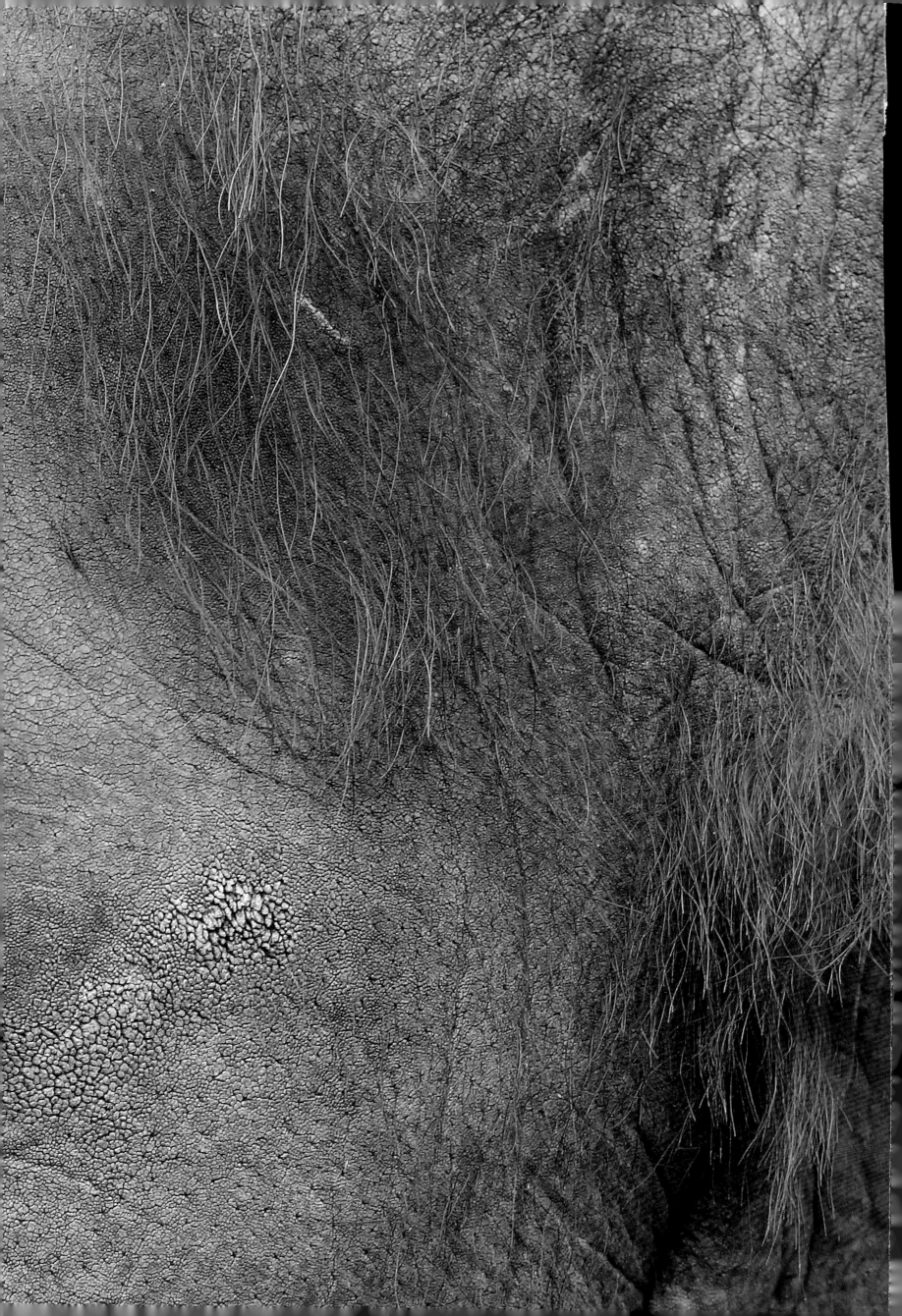

大象
宝宝

它的眼睛和上一页的大象很像，对吗？
那当然，它们是母子嘛。
它生下来才半年，还算婴儿呢，
个头比妈妈可小多了。

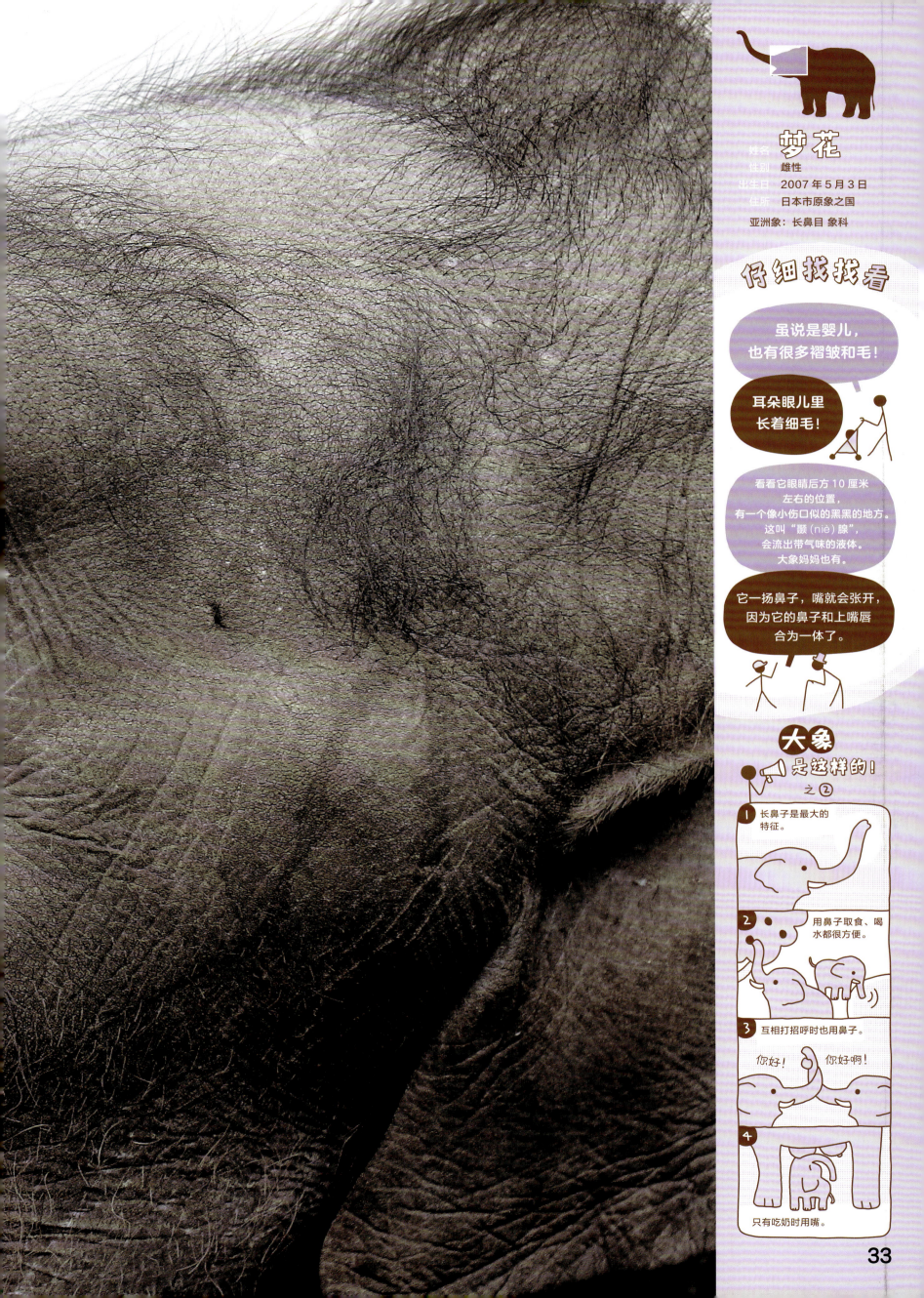

姓名 **梦花**
性别 雌性
出生日 2007 年 5 月 3 日
住所 日本市原象之国

亚洲象：长鼻目 象科

仔细找找看

虽说是婴儿，
也有很多褶皱和毛！

**耳朵眼儿里
长着细毛！**

看看它眼睛后方 10 厘米
左右的位置，
有一个像小伤口似的黑黑的地方。
这叫"颞（niè）腺"，
会流出带气味的液体。
大象妈妈也有。

它一扬鼻子，嘴就会张开，
因为它的鼻子和上嘴唇
合为一体了。

大象 是这样的！ 之②

1 长鼻子是最大的特征。

2 用鼻子取食、喝水都很方便。

3 互相打招呼时也用鼻子。

你好！　你好啊！

4 只有吃奶时用嘴。

貘
mò

貘伸长鼻子，张大鼻孔，
使劲儿闻着风里的气味。
看起来是不是有点儿像大象？

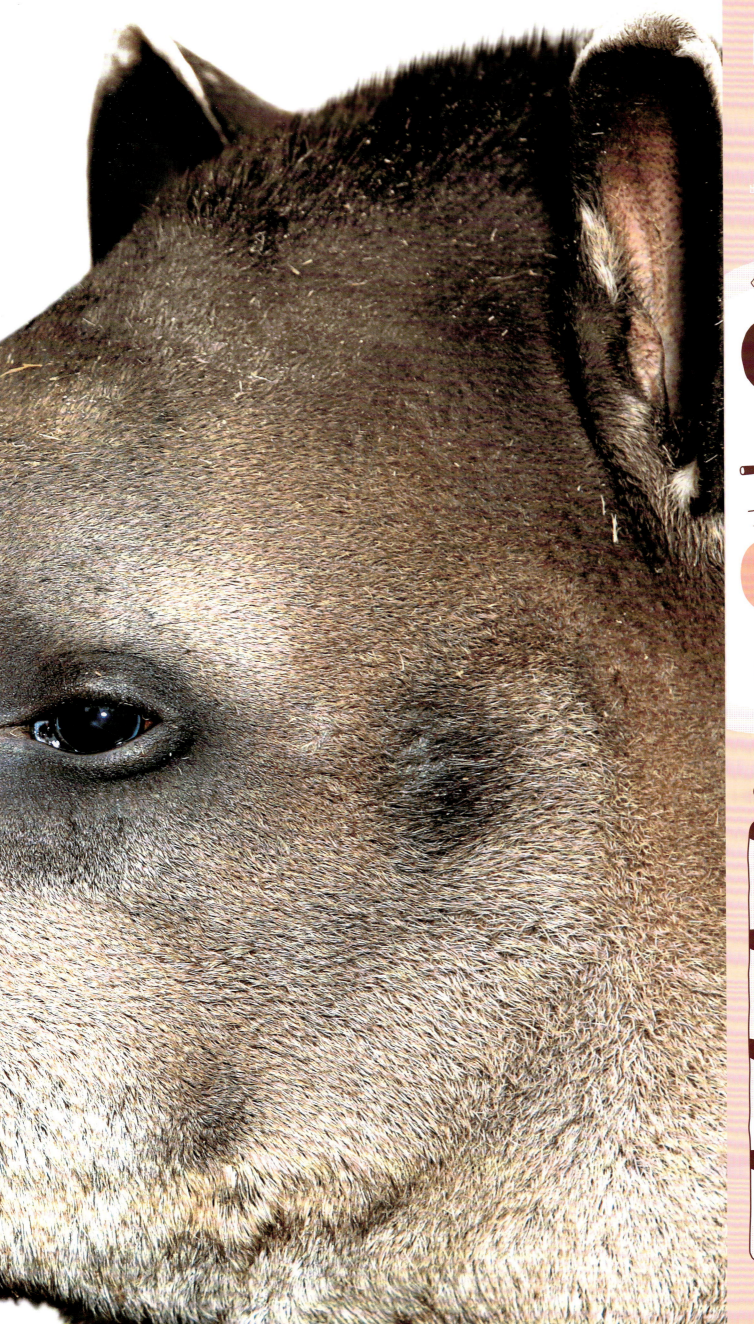

姓名 **拉姆**
性别 雌性
出生日 2001年3月8日
住所 日本东京上野动物园

中美貘：奇蹄目 貘科

仔细找找看

**耳朵尖儿
是白色的！**

头顶高高隆起。

长着
很多短毛。

**牙龈
是粉色的！**

照片中有 1 只苍蝇，
它在哪儿呢？

貘
是这样的！

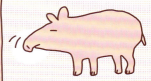

1 鼻子软乎乎的，总是在动。

2 软软的鼻子伸缩自如。

3

和大象一样，上嘴唇
延伸出去就是鼻子。

4 当它使劲儿往
上扬起鼻子时，
真担心它的牙
会不会整个儿
掉下来！

是因为
看起来像假牙吗？

食蚁兽

它的鼻子和嘴，
看上去仿佛与身体不属于同一种动物。
它伸出细长的、软软的舌头，
舔蚂蚁吃。

姓名　冈口
性别　雌性
出生日　2000 年 8 月 16 日
住所　日本东京上野动物园

大食蚁兽：披毛目 食蚁兽科

仔细找找看

嘴很小！
只能张开一点儿，
一颗牙齿也没有。

**圆圆的
小眼睛。**

**鼻子、眼睛和耳朵
都在同一个高度。**

**脸上的毛
很短。**

**从耳朵往后的毛，
又粗又硬，
像毛刷子。**

食蚁兽 是这样的！

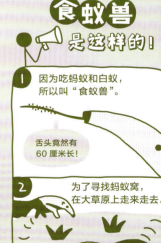

1 因为吃蚂蚁和白蚁，
所以叫"食蚁兽"。

舌头竟然有
60 厘米长！

2 为了寻找蚂蚁窝，
在大草原上走来走去。

3 即使在动物园里，
也会每天四处转悠。
只有大小便时才停下来。

哗啦啦——

4 吃东西的时候也会停下来。

吧唧

吧唧

海狮

鼻子周围的毛硬硬的，
又粗又长。

姓名 **约翰**
性别 雄性
出生日 1995 年 6 月 24 日
住所 日本东京上野动物园

加利福尼亚海狮：食肉目 海狮科

仔细找找看

黑黑的
大眼睛。

有小耳朵!

鼻子和嘴
突出来。

仔细看看它的嘴角边，
是不是有一撮乱乱的毛?
其实，海狮全身都有着浓密的毛，
被水打湿后，
才呈现出光滑发亮的样子。

海狮

是这样的!

1 游泳非常棒。
它会整天都泡在水里吗?

2 不，它也会上陆地。
还会用鳍状的四肢
摇摇摆摆地走路。

3 它还会玩球呢。

4 白天晒太阳、晚上睡觉，
这些活动都是在陆地上进行的。

骆驼

毛厚厚的，卷卷的，
一层层，一圈圈的。
要想在阳光强烈的沙漠中生存下来，
身上的毛是必不可少的。

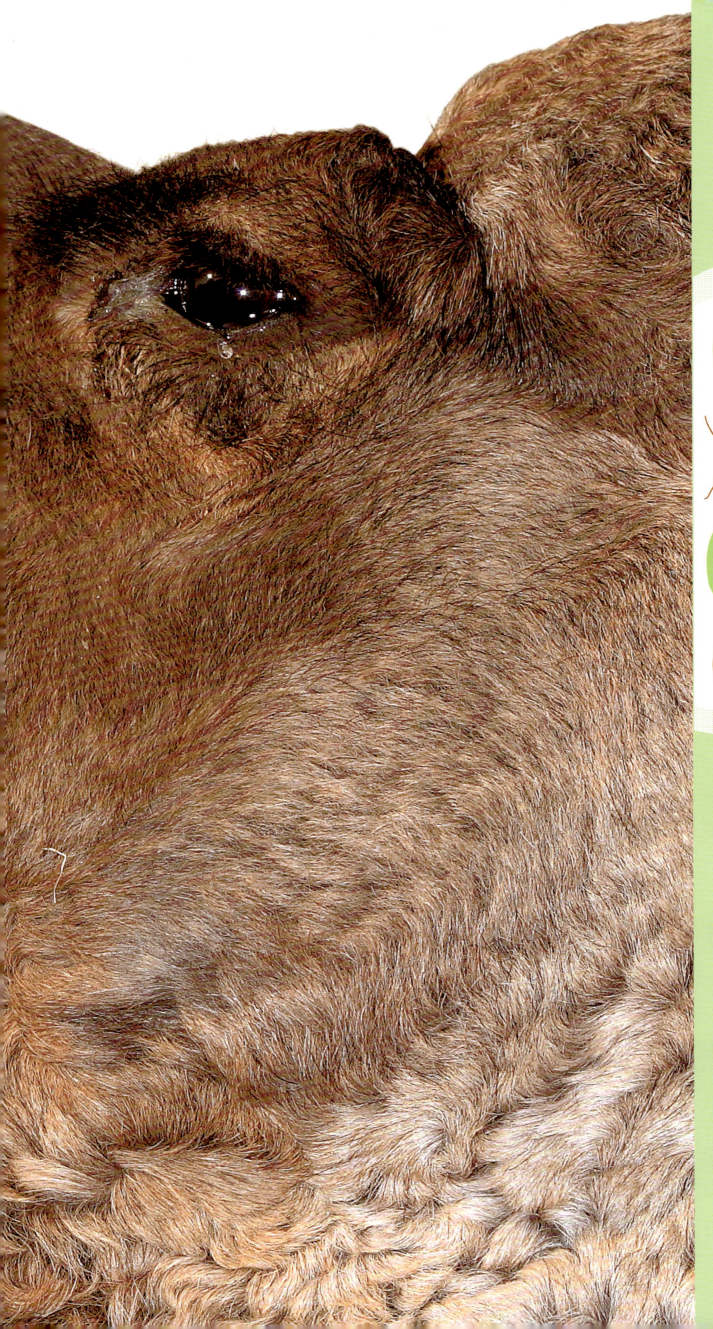

姓名 **通吉**
性别 雄性
出生日 1995 年 8 月 7 日
住所 日本群马野生动物园

单峰驼：偶蹄目 骆驼科

仔细找找看

鼻孔闭得
紧紧的！

嘴边长满了
厚实的毛。

它在哭吗？
其实它不是在哭，
而是为了及时冲洗掉
进入眼睛里的脏东西，
才总是流泪。

眼睫毛长长的！
眼睛周围
还有一圈长毛。

骆驼

是这样的！

1 骆驼分单峰驼和双峰驼两种。驼峰里储存着能转化为能量的脂肪。

2 因此，即使在炎热干燥、少食缺水的沙漠里，骆驼也能生存。

3 可是，如果骆驼上了年纪，或是一直没东西吃，它的驼峰就会越来越小，最后瘪塌下去。

4 刚生下来的小骆驼，脊背上平平的，没有驼峰。

驼峰会逐渐长起来。

41

犀牛的角上怎么还有毛呢？
那是犀牛在磨角时蹭出来的毛刺。
犀牛角是毛的特化产物，
属于皮肤衍生物，是角质的角。
看上去又干又硬，像粗糙的树皮一样。

犀牛

小熊猫

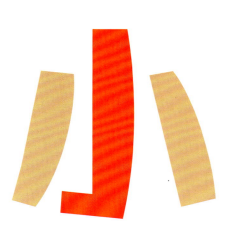

它在嘎巴嘎巴地啃苹果。
在两颗小尖牙之间，
有一排更小的牙齿。

仔细找找看

脸上有
白斑纹。

鼻子和嘴周围长有
很多长胡须。

肚皮上的毛
真黑！

抓着苹果的前爪
非常锋利。

小熊猫 是这样的！

1　经常用两条后腿站立。

嗖！

但并不会像这样走路哟！

2

它们用四条腿走路，走起路
来像猫那样悄无声息的。

3　蜷起身子睡觉时，
真像一只猫呀。

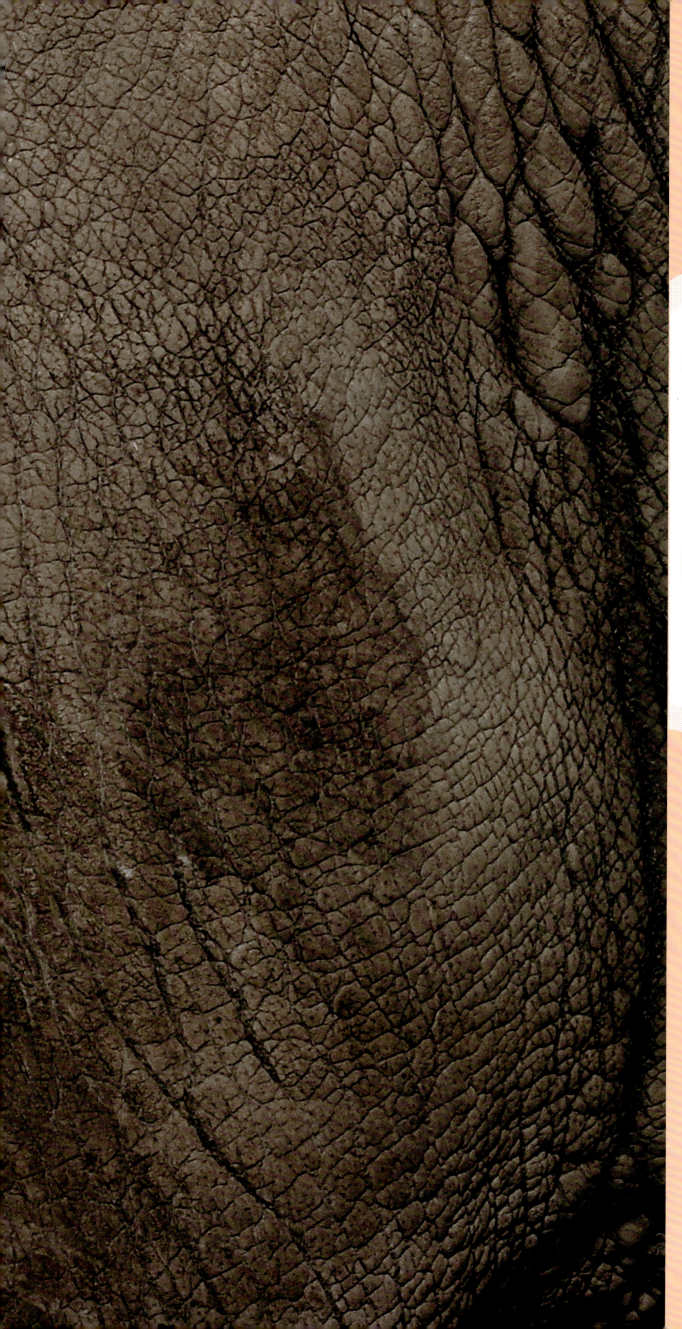

姓名 **库力斯**
性别 雌性
出生日 1980 年 12 月 26 日
住所 日本群马野生动物园

白犀：奇蹄目 犀科

仔细找找看

它有白眼珠！

皮肤上有很多褶皱！

耳朵的位置很高。

角上有泥巴。
犀牛经常在泥巴里玩，
往身上蹭好多泥，
保护皮肤不被强烈的阳光晒伤，
还可以防止寄生虫。

犀牛

 是这样的！

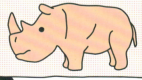

1 白犀牛虽然叫"白犀"，但它并不是白色的。

2 据说，因为白犀牛的嘴很宽，而宽的英文单词是 wide，被人们误传为 white，成了"白"的意思。

3 白犀牛厚厚的皮肤像盔甲一样，可是摸上去又软又暖和！

饲养员

47

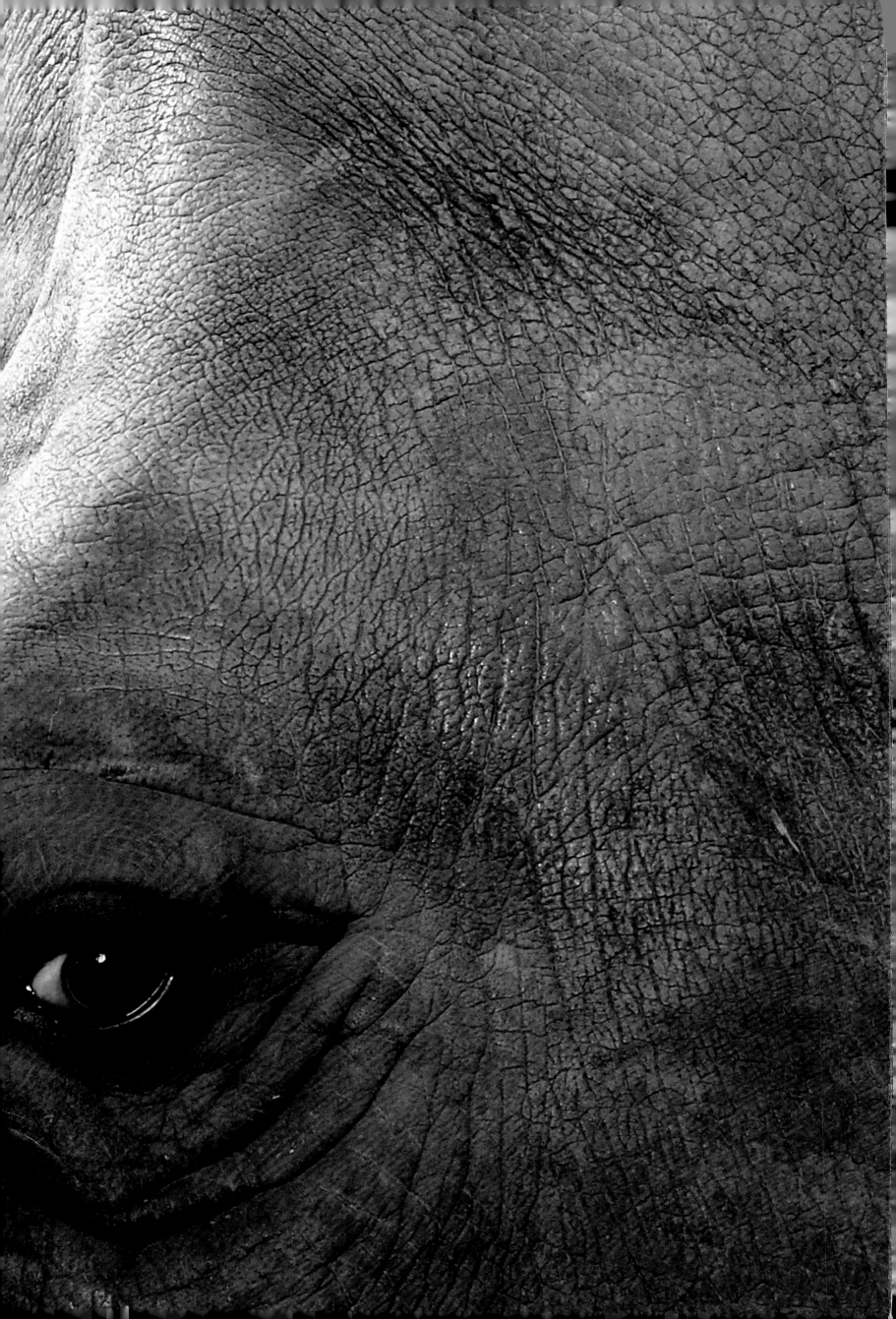

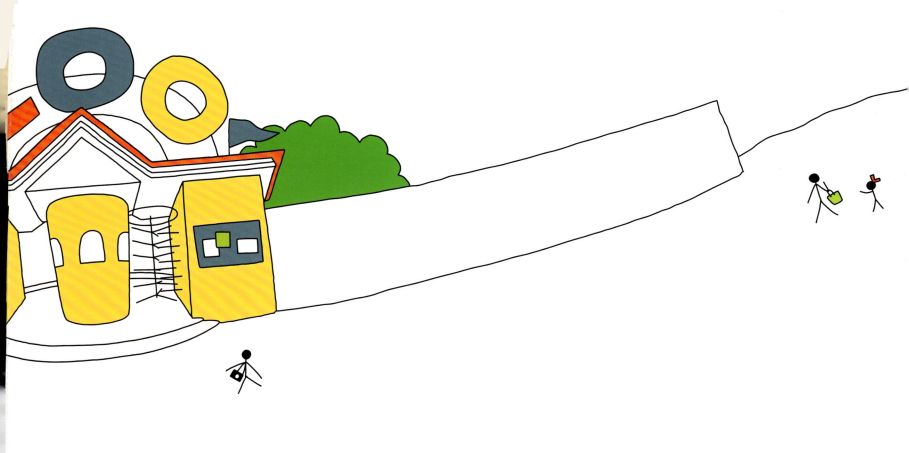

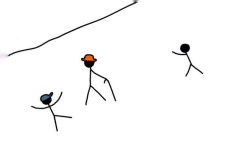

监修 ● 小宫辉之（日本东京上野动物园第 15 任园长）

出生于日本东京。在明治大学农学部毕业后，进入多摩动物公园工作。主要负责日本本土动物的饲养和繁育。曾在上野动物园井之头自然文化园工作。2004 年至 2011 年担任上野动物园园长。2006 年首次成功实现了熊的人工冬眠展示。主要作品有《日本的哺乳动物》《日本的家畜家禽》《震撼之书 动物原来这么大》系列等。

摄影 ● 福田丰文

出生于日本佐贺县。日本写真家协会会员。主要拍摄宠物狗和猫。坚持拍摄栖息在日本佐贺县有明海海滩里的弹涂鱼达 20 年以上。有许多关于动物园动物的著作：《和动物玩做鬼脸》《和动物玩吧》系列、《粪便》等。

绘 ● 柏原晃夫

出生于日本兵库县。曾就职于设计生产（株）京田娱乐制作所，负责舞台、图书、WEB、人物等的策划设计和插图绘制。亲自设计和绘制插图的作品有《震撼之书 动物原来这么大》系列、《一起玩吧》系列、《手指游戏绘本》系列、《一年级小学生的汉字绘本》《有趣的识字书》等。

文 ● 高冈昌江

出生于日本爱媛县。自由撰稿人。主要作品有《震撼之书 动物原来这么大》系列、《食物对对碰绘本》《相似图鉴》《雌雄动物图鉴》《放在一起看看》系列、《纸的大研究》《颜色的大研究》《蝉和我同岁》《工作场所参观书！动物园和水族馆里的工作者》等。

译 ● 唐亚明

出生于中国北京。1983 年应日本"图画书之父"松居直邀请，加入著名的少儿出版社——福音馆书店，编辑了大量的优秀图书，获得过国内外多种奖项。曾任日本儿童图书评议会（JBBY）理事、意大利博洛尼亚图书博览会绘画奖评委等。主要著作有：纪实文学《不知道披头士的红卫兵》、图画书《哪吒和龙王》（获第 22 届讲谈社出版文化奖）等。主要翻译作品有：日本上皇后美智子的《架桥》、佐野洋子的《活了 100 万次的猫》等。

审读 ● 孙忻

中国动物学会理事、中国动物学会科普工作委员会副主任，原国家动物博物馆副馆长、展示馆馆长。

图书在版编目（CIP）数据

动物原来这么大·珍奇馆 /（日）小宫辉之监修；
（日）福田丰文摄影；（日）柏原晃夫绘；（日）高冈昌
江文；唐亚明译 . — 北京：海豚出版社，2020.10（2023.8 重印）
（震撼之书）
ISBN 978-7-5110-5174-5

I. ①动… II. ①小… ②福… ③柏… ④高… ⑤唐…
III. ①动物 - 儿童读物 IV. ① Q95-49

中国版本图书馆 CIP 数据核字（2020）第 039332 号

Hontonoookisa Doubutsuen
©Copyright 2008/Toyofumi Fukuda,
Masae Takaoka, Akio Kashiwara（Kyoda Creation Co.,Ltd.）
Editorial Supervisor of Japanese Edition: Teruyuki Komiya(Former Director, Tokyo Ueno Zoo)
Photographer: Toyofumi Fukuda   Illustrator and AD: Akio Kashiwara
Japanese edition text by Masae Takaoka
Japanese edition designed by Daisuke Shimizu（Kyoda Creation Co.,Ltd.）
First published in Japan 2008 by Gakken Education Publishing Co., Ltd., Tokyo
Chinese Simplified character translation rights arranged with Gakken Plus Co., Ltd. through Future View Technology Ltd.

著作权合同登记号 图字：01-2020-0190 号

震撼之书·动物原来这么大：珍奇馆

监修 ●［日］小宫辉之（日本东京上野动物园第 15 任园长） 摄影 ●［日］福田丰文
绘 ●［日］柏原晃夫   文 ●［日］高冈昌江   译 ● 唐亚明

出 版 人：王 磊

选题策划：禹田文化	装帧设计：王 锦
执行策划：杨 晴	内文设计：王 锦
责任编辑：杨文建 李宏声	责任印制：于浩杰 蔡 丽
项目编辑：周 雯	法律顾问：中咨律师事务所 殷斌律师
版权编辑：张静怡	

出　　版：海豚出版社
地　　址：北京市西城区百万庄大街 24 号
邮　　编：100037
电　　话：010-88356856　010-88356858（发行部）
　　　　　010-68996147（总编室）
印　　刷：北京顶佳世纪印刷有限公司
经　　销：全国新华书店及各大网络书店
开　　本：8 开（889mm×1194mm）
印　　张：7
字　　数：210 千
版　　次：2020 年 10 月第 1 版 2023 年 8 月第 4 次印刷
标准书号：ISBN 978-7-5110-5174-5
定　　价：105.00 元

这本书中出场的动物 2

亚洲象【长鼻目 象科】
体长 550~640 厘米　肩高 250~300 厘米
体重 4700 千克　分布 东南亚、中国南部

大猩猩【灵长目 人科】
体长 120 厘米　尾长 0 厘米
体重 150~160 千克　分布 非洲中部

四趾刺猬【劳亚食虫目 猬科】
体长 17~23.5 厘米　尾长 1.7~5 厘米
体重 230~700 克　分布 非洲

水豚【啮齿目 豚鼠科】
体长 105~135 厘米　尾长 0 厘米
体重 35~65 千克　分布 南美洲

霍氏树懒【披毛目 二趾树懒科】
体长 55~70 厘米　尾长 1.5~3 厘米
体重 5~8 千克　分布 中美洲、南美洲

树袋熊【袋鼠目 树袋熊科】
体长 60~83 厘米　尾长 0 厘米
体重 8~12 千克　分布 澳大利亚东部